中小学生健康饮食

中国保健协会科普教育分会　组织编写

中国健康传媒集团

内 容 提 要

针对中小学生主要健康问题和健康需求的变化，本书从基本知识与理念、健康生活方式与行为、基本技能三个方面，向儿童青少年传播食物营养、饮食安全、饮食卫生习惯等方面的科学知识，激发学生对食品科学的兴趣，并培养他们良好的饮食习惯，逐渐树立正确的食品安全意识，提升食品安全素养，促进健康成长。

图书在版编目（CIP）数据

中小学生健康饮食 / 中国保健协会科普教育分会组织编写. —北京：中国医药科技出版社，2021.9
（公众健康素养图解）
ISBN 978-7-5214-1564-3

Ⅰ . ①中⋯ Ⅱ . ①中⋯ Ⅲ . ①中小学生 – 食品安全 – 图解
Ⅳ . ① TS201.6-64

中国版本图书馆 CIP 数据核字（2020）第 024279 号

美术编辑 陈君杞
版式设计 锋尚设计

出版 中国健康传媒集团 | 中国医药科技出版社
地址 北京市海淀区文慧园北路甲 22 号
邮编 100082
电话 发行：010-62227427 邮购：010-62236938
网址 www.cmstp.com
规格 880×1230mm $^1/_{32}$
印张 $3^3/_8$
字数 88 千字
版次 2021 年 9 月第 1 版
印次 2023 年 9 月第 2 次印刷
印刷 三河市万龙印装有限公司
经销 全国各地新华书店
书号 ISBN 978-7-5214-1564-3
定价 35.00 元

获取新书信息、投稿、为图书纠错，请扫码联系我们。

丛书指导委员会

主　任　张凤楼　陈宝英

副主任　徐华锋　李　萍　王　中　张培荣　郭文岩

　　　　　王　霞

丛书编委会

总主编　于　菁

编　委　（以姓氏笔画为序）

　　　　　于智敏　于德智　王凤岐　王志立　左小霞

　　　　　石　蕾　邢宏伟　吕　利　刘文明　刘丽萍

　　　　　李艳芳　李效铭　吴大真　何　丽　张　锐

　　　　　张凤翔　张维君　周　俭　周立东　赵　霖

　　　　　黄慈波　葛文津　鲍善芬

序

　　健康是我们每一个人的愿望和追求，健康不仅惠及个人，还关系国家和民族的长远发展。2016年，党中央、国务院公布了《"健康中国2030"规划纲要》，健康中国建设上升为国家战略，其中健康素养促进是健康中国战略的重要内容。要增进全民健康，首要的是提高健康素养，让健康知识、行为和技能成为全民普遍具备的素质和能力。

　　"健康素养水平"已经成为《"健康中国2030"规划纲要》和《健康中国行动（2019—2030年）》的重要指标。监测结果显示，2018年我国居民健康素养水平为17.06%，而根据《国务院关于实施健康中国行动的意见》目标规定，到2022年和2030年，全国居民健康素养水平分别不低于22%和30%。要实现这一目标，每个人应是自己健康的第一责任人，真正做好自己的"健康守门人"。提升健康素养，需要学习健康知识，并将知识内化于行，能做出有利于提高和维护自身健康的决策。

　　为助力健康中国建设，助推国民健康素养水平提升，中国保健协会科普教育分会组织健康领域专家编写了本套"公众健康素养图解"。本套丛书以简练易懂的语言和图示化解读的方式，全面介绍了膳食营养、饮食安全、合理用药、预防保健、紧急救援、运动保护、心理健康等维护健康的知识与技能，并且根据不同人群特点有针对性地提出了健康促进指导。

　　一个人的健康素养不是与生俱来的，希望本套丛书能帮助读者获取有效实用的健康知识和信息，形成健康的生活方式，实现健康素养人人有，健康生活人人享。

张凤楼

2021年5月

前言

　　民以食为天，食以安为先。食品安全关系全国14亿多人的身体健康和生命安全，是全国人民普遍关心的大事。青少年的饮食安全，更是直接关系下一代的健康成长，关系亿万家庭的幸福和社会的稳定。我国《"健康中国2030"规划纲要》中明确指出，全面普及膳食营养知识，引导居民形成科学的膳食习惯，加强对学校、幼儿园、养老机构等营养健康工作的指导。给青少年宣传和普及食品安全和营养健康的科学知识，不仅可以提高青少年的食品安全意识，培养健康科学的生活方式，提升营养健康和食品安全素养，而且有助于形成人人关心食品安全、人人维护食品安全的良好社会氛围，推进健康中国建设。

　　中小学生智力和身体的生长发育需要摄入各种食物以提供多样、均衡的营养，营养不足或者营养过剩，都会影响他们的身体健康。而食品安全是科学合理膳食的基本前提和重要保障。俗话说"病从口入"，不安全、不健康的食物就是这些"病"的罪魁祸首。

　　食物中的不安全因素既有天然存在的有毒有害物质，如毒蘑菇中的毒素；也有肉眼看不见的致病菌和有毒有害的化学物质，如霉变水果中的真菌、果蔬上的农药残留；还有一些加工过程中产生的有害致癌物质，如油炸食品中的丙烯酰胺。如果吃了这些不安全的食物，可能会造成食物中毒，或者对人体消化系统和其他器官的健康造成损害。即使吃的是安全的食物，也可能因为不健康的饮食卫生习惯，比如喜欢喝含糖饮料、喜欢吃油炸食品、偏食挑食等，而影响身体健康。

本书针对中小学生主要健康问题和健康需求的变化，从基本知识与理念、健康生活方式与行为、基本技能三个方面，以简单易懂的图解形式，向儿童青少年传播食物营养、饮食安全、饮食卫生习惯等方面的科学知识，引导他们在日常生活中做到平衡膳食营养、关注食品安全，并养成良好的饮食卫生习惯，从而促进身体健康成长。

编　者

2021年3月

目录

健康生活方式与行为

3

基本技能

1

基本知识与理念

碳水化合物是身体能量的主要来源，每日三餐都要有

　　碳水化合物是一个十分庞大的家族，包括单糖、双糖、寡糖和多糖几个小家族，单糖和双糖又称为简单的糖。每个小家族里面又有各自的成员，比如葡萄糖、果糖、麦芽糖、蔗糖、乳糖均为简单的糖，多糖中有淀粉、纤维素等。我们平时常吃的主食（米饭、面条等）里含量最多的就是淀粉。这些食物进入消化道之后，会在酶或酸的作用下，最终"变身"为葡萄糖而被身体吸收利用。

人体每天通过体内碳水化合物而产生的能量应占总能量的
50%~65%

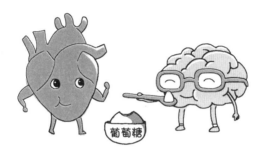

碳水化合物的主要食物来源是谷薯类，我们每日三餐都需要摄入一定量的主食（米饭、面条、薯类等），不可以用肉类等食物替代主食。

　　碳水化合物除了维持正常的生理需要（如生长发育）外，还为满足我们日常生活中各种活动（如学习、运动等）的能量需求发挥着重要的作用。因此，碳水化合物堪称"身体能量来源的主力军"。

　　碳水化合物在人体内最终会被分解为葡萄糖。葡萄糖是神经系统和心肌的主要能源，它对于维持神经系统和心肌的正常功能具有重要的意义，特别是大脑，只能利用葡萄糖作为能量使用。所以，在日常膳食中碳水化合物是不可缺少的，如果没有了葡萄糖，我们的大脑无法运转。

1 基本知识与理念

蛋白质在人体中是一个庞大的家族，遍布全身，根据家族成员的分工不同，执行不同任务的蛋白质名字也不同。

如

❶ 促进生长发育、肌肉生长的是肽类激素。

❷ 催化体内各种化学反应的是酶。

❸ 帮助身体识别侵入机体的病毒、细菌、寄生虫等异物并消灭它们的是抗体等。

当我们长高、长壮时，或者生病时，身体内有一部分蛋白质就会被损失、消耗、分解，这时就需要不断合成新的蛋白质来补充。

身体合成蛋白质的原料叫作氨基酸，氨基酸家族有很多成员，有些氨基酸人体无法合成或合成速度远远达不到身体的需要，必须通过摄入食物来补充。

氨基酸按照身体的不同需要，根据遗传物质——基因上的结构，以一定的顺序连接成长长的肽链，然后经过不同的折叠、螺旋、排列后构成具有一定功能的蛋白质，这些不同功能的蛋白质被派到身体各处发挥作用。

我们身体总重量的约17%是蛋白质

每天约有3%的蛋白质会被消耗和重新合成。当身体中蛋白质被消耗，而合成蛋白质的原料不足时，就需要通过摄入食物来补充。

肉类、牛奶、鸡蛋等食物中都含有丰富的蛋白质，这些食物通过人体消化后，其中的蛋白质会被分解成氨基酸，作为人体合成新蛋白质的原料。

青少年正处在生长发育的重要阶段，日常饮食中需要充分摄入富含蛋白质的食物，例如鸡蛋、牛奶、大豆、瘦肉类、鱼等，以获得更多的原料来构建骨骼、强壮肌肉。

脂肪是我们体内三大产能营养素之一，且脂肪所提供的能量比同等质量的蛋白质或碳水化合物提供的多2倍以上。除此之外，脂肪还具有一个重要的功能——储存能量。

○ 当能量摄入过多时，机体就会把用于产能所剩的能量转化为脂肪储存起来。

○ 当机体需要能量（比如饥饿、患病）时，这些脂肪又会被机体动员起来进一步分解释放出能量，以满足自身需要。

尽管脂肪具有这么多好处，但长期能量过剩或脂肪摄入不当都对身体有害无益。体内脂肪过多，除了使行动笨拙、外形不美观外，还会使机体患慢性病的风险增加。因此，我们要将总能量和脂肪含量的摄入维持在健康的范围内，一般为人体总能量的20%~30%。反式脂肪摄入过多会带来很多健康隐患，蛋糕、饼干、人造奶油等含反式脂肪酸的加工食品尽量少吃，应该为身体储备健康的脂肪。

维生素是身体的功能调节剂，外源性摄入为主

维生素，顾名思义就是维持生命的物质。

维生素与蛋白质、脂肪和碳水化合物不同，既不是构成身体组织的原料，也不是能量的来源，虽然机体需要量少，但却是维持机体生命活动必需的一类营养素。

人体犹如一座大型的化工厂，不断地进行着各种生化反应。

而各种反应都离不开酶的参与，很多维生素作为辅酶或者是辅酶的组成分子参与调节酶的活性。

因此维生素是维持人体代谢功能正常运转必不可少的物质，是身体重要的"维和部队"之一。

人体所需要的维生素根据其溶解性分为脂溶性维生素和水溶性维生素两大类。

脂溶性维生素	主要包括维生素A、维生素D、维生素E和维生素K等。它们存在于食物中的油脂部分，需要在脂肪的帮助下才能被人体吸收。比如胡萝卜必须用油来烹炒，或者与肉类一起炖煮，其中的脂溶性维生素——胡萝卜素才能被机体充分吸收，并在体内转化成维生素A发挥作用。 脂溶性维生素可以在体内储存，而不易排出体外，因此摄入过多会有中毒的风险。
水溶性维生素	主要包括B族维生素和维生素C。水溶性维生素在体内储存量较少，一般无毒性，但摄入过少会很快表现出缺乏症状。

由于大多数维生素在体内不能自身合成，也不能大量储存，因此外源性摄入是我们获取维生素的主要途径。新鲜蔬菜、水果、粗粮、豆类、坚果等都是富含维生素的食物。

各种食物都吃才能全面摄入多种维生素，满足身体生长发育的需要。

素养 5

矿物质是分工各不同的必需元素，只能从食物和水中摄取

人体中存在着多种矿物质元素，而且分工各不相同，在身体生长发育过程中扮演着重要的角色。按照化学元素在机体内含量的多少，可以将矿物质分为常量元素和微量元素两类。

常量元素　　　矿物质　　　微量元素

体内含量大于身体体重0.01%的矿物质，如钙、磷、钠、钾、氯、镁、硫等元素。

含量很少，小于身体体重的0.01%。

目前认为，铁、铜、锌、硒、铬、碘、锰、氟、钴和钼10种微量元素，为维持人体正常生命活动不可缺少的必需微量元素；硅、镍、硼和钒为可能必需微量元素；铅、镉、汞、砷、铝、锡和锂也属于微量元素，大剂量时具有潜在毒性。

各种矿物质元素在人体内的含量虽然很少，但如果体内某种或某些矿物质含量不足或过量，会直接影响身体的健康。

如

缺硒可能导致克山病和大骨节病，而体内硒过量则会导致中毒。

矿物质	
钙	● 构成骨骼和牙齿的主要成分 ● 维持神经和肌肉的活动
磷	● 构成骨骼和牙齿的重要组成成分 ● 参与能量代谢
镁	● 多种酶的激活剂 ● 对钾、钙离子通道的作用
铁	● 参与体内氧的运送和组织呼吸过程
锌	● 金属酶的组成成分或酶的激活剂
硒	● 抗氧化功能 ● 保护心血管和心肌的健康

人体不能合成矿物质，只能从食物和水中摄取。各种矿物质在食物中的分布不同，我们对于不同食物中矿物质的吸收和利用能力也不同，在我国人群中，比较容易缺乏的矿物质主要是钙、锌、铁、碘、硒等。我们必须尽可能多地摄取多种食物，这样才能满足身体对矿物质的需要。

生理功能

- 促进体内酶的活动

- 构成细胞的成分
- 酶的重要成分

- 促进骨骼生长和神经肌肉的兴奋性

- 维持正常的造血功能

- 维持细胞膜结构

- 增强免疫功能

素养 6

水是生命的源泉，足量饮水有益健康

水是人体重要的组成部分，约占一个健康成年人体重的60%~70%，人体内的水含量因年龄、性别不同而有所差异。

　　水不仅是构成我们身体的重要成分，而且具有重要的生理功能，如参与体内各种物质新陈代谢和生化反应，将营养成分运输到组织，将代谢产物转移到血液再分配，将代谢废物通过尿液排出体外，维持体液正常渗透压及电解质平衡，调节体温，润滑组织和关节等。

　　不摄入水，生命只能维持数日，有水摄入而不摄入食物，生命可维持数周。可见水对维持生命至关重要，饮用足量的水有益于我们的身体健康。

7~10岁每天饮水量
约为1000毫升

11~13岁每天饮水量
为1100~1300毫升

14~18岁每天饮水量
为1200~1400毫升

在高温或身体活动强度增大的情况下，应适当增加
饮水量以补充身体水分的过量消耗。

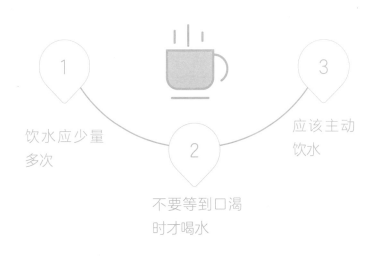

1
饮水应少量
多次

2
不要等到口渴
时才喝水

3
应该主动
饮水

白开水是首选，尽量远离甜饮料、碳酸饮料等饮品。

食物多样营养全，均衡膳食身体壮

均衡饮食　　要求摄入的食物中含有的营养素种类齐全，数量与比例适当，既能够满足身体对能量和各种营养素的需求，促进健康，又可以降低患病的风险。

食物多样是实现均衡饮食的基本途径。要满足每日膳食平衡，需要摄入各类食物，比如谷薯类、蔬菜、水果、畜禽鱼肉、蛋奶类、大豆坚果类和油脂类等。

平均每人每天需要摄入 **12** 种 以上的食物，

每周 **25** 种 以上。

除了食物品种，还要注意各类食物的摄入量。

1 米饭、馒头、面条等主食类食物，以及薯类、全谷物或杂豆类，每天要吃300 ~ 400克。

- -

2 每餐要有蔬菜（每天300 ~ 500克），最好深色蔬菜占一半。

- -

3 每天还要吃200 ~ 350克新鲜水果。

- -

4 每天坚持喝一杯奶（300克）、吃一个鸡蛋。

- -

5 常吃豆制品，适量吃鱼、禽、蛋、瘦肉类动物性食品。

- -

保证均衡营养外，还要养成健康的生活方式，每天坚持体育锻炼，减少看电视、玩电脑、玩手机的时间，保证充足的睡眠。

保证每日能量和营养素供给

		能量kcal （MJ）	蛋白质 （g）	脂肪供能比 （%E）
6~8岁	男	1700 （7.11）	40	
	女	1550 （6.48）	40	
9~11岁	男	2100 （8.78）	50	
	女	1900 （7.94）	50	
12~14岁	男	2450 （10.24）	65	
	女	2100 （8.78）	60	
15~17岁	男	2900 （12.12）	75	
	女	2350 （9.82）	60	

占总能量的
20%~30%

根据《学生餐营养指南》，不同年龄段学生的全天能量和营养素供给量可参照下表。

炭水化合物供能比(%E)	钙(mg)	铁(mg)	锌(mg)	维生素A(μgRAE)	维生素B_1(mg)	维生素B_2(mg)	维生素C(mg)	膳食纤维(g)
	750	12	6.5	450	0.9	0.9	60	20
	850	14	8.0	550	1.1	1.1	75	20
占总能量的50%~55%	950	18	10.5	720	1.4	1.4	95	20
			9.0	630	1.2	1.2		
	800	18	11.5	820	1.6	1.6	100	25
			8.5	630	1.3	1.3		

能量供给量应达标准值的90%~110%，蛋白质应达标准值的80%~120%。

我们每天摄入的各种食物经体内消化、吸收、氧化后可以释放出能量，供给身体基础代谢、食物热效应和身体活动所需。人体能量代谢的最佳状态是能量摄入与能量消耗之间达到平衡。

| 如果吃得过多或运动不足 | > | 多余的能量就会在体内以脂肪的形式存积下来，导致超重或肥胖。 |

| 如果吃得过少或运动过多 | > | 摄入的能量不足或能量消耗过多，则会引起体重过低或消瘦。 |

青少年正处于身体生长发育的关键阶段，在健康饮食、规律运动的基础上，保证食物摄入量和运动量的相对平衡，使身高和体重保持适宜的增长水平，是营养均衡、健康成长的体现。合理饮食和积极运动，有助于预防营养

不良或超重肥胖的发生。正确认识体重的合理增长和青春期体型的变化，不因为追求苗条体型而盲目节食，如因过度节食出现消瘦或其他疾病，应及时就医。

出现超重或肥胖时，通过调节吃动平衡逐渐恢复至适宜体重范围。

❶ 调整膳食结构、控制总能量摄入，减少高脂肪、高能量食物摄入。

❷ 多吃杂粮、蔬菜、水果、豆制品。

❸ 合理安排三餐，不吃零食、不喝含糖饮料。

❹ 逐步增加运动频率和强度，培养运动习惯和爱好，将运动生活化。

每天 要保证累计至少60分钟中等到高等强度的身体活动，每次最好10分钟以上。

每周 至少3次长跑、游泳、打篮球等高强度身体活动，3次俯卧撑、仰卧起坐、引体向上等抗阻力运动以及骨质增强型运动。

减少使用手机、电脑和看电视等视屏时间，每天不超过2小时，越少越好，每坐1小时就起身活动一下。

正确认识有机食品、进口食品

有机食品不代表更安全

有机食品在生产和加工过程中严禁使用化学合成的农药、化肥、激素、抗生素、食品添加剂，禁止使用基因工程技术，需要建立严格的质量管理体系，同时必须要通过合法的有机食品认证机构的认证。

有机食品并不代表比普通食品"更安全"

❶ 由于土壤中残留的杀虫剂几十年都不会完全降解，因此即使是有机食品，其农药残留量也并不比普通食品低，只能说都在国家安全标准线之下。

❷ 有机食品也同样有天然毒素（农作物抵御害虫产生）和霉菌毒素（农作物伤口感染产生）的风险。虽说有机食品的生产成本比普通食品高不少，但是健康风险却没有明显降低。

❸ 有机食品在营养上与普通食品的差别并不大，几乎可以忽略不计。

选购进口食品时需谨慎

产地在国外，由国内经销商粘贴中文标识，经检验检疫部门判定合格后在国内销售的，是真正意义上的进口食品。而原料由国外厂家生产，国内厂商进行包装和经销，包装上对产品的成分、配料等有较详细的标注，有国内的卫生许可证号，这实际上是国产食品。需要特别注意，包装上以外文为主，没有国内卫生许可证号的食品，其中很多是粗制滥造的冒牌货，这种食品没有质量保证，不要购买。

一般来说，经过监管部门许可的进口食品，其质量是安全的。由于跨境电商、海淘和代购的兴起，进口渠道多元化，在购买时通过"三看"选择合法合格的进口食品。

一看进口预包装食品是否有中文标签，正规的进口预包装食品都有中文标签。

"三看"

二看进口食品的"身份证"，向经销商索取查看海关出具的检验检疫证明，包括进口食品的名称、原产地、生产日期、品牌等信息。

三看进口食品准入情况，登陆海关总署网站查看相关食品是否获得准入。

食品添加剂让加工食品更美味、更安全

　　如果没有了食品添加剂，几乎所有的加工食品都无法存在。食品添加剂的使用前提就是必须保证食品安全。

目前，食品添加剂按照用途可分为 **23** 大类

我国允许使用的食品添加剂已达 **2000** 多种

其中包括食用香料 **1800** 多种

这些添加剂不仅可以有效改善食品的品质和色香味形，还可以延长食品的保质期。

因此，食品添加剂本身未必会降低食品的安全性，有很多甚至是保证食品安全所必须的。

1 　低糖果酱、果脯之类的产品，因为添加的糖比较少，达不到室温下抑制霉菌和酵母繁殖的作用，如果不加入防腐剂，就很容易发霉变酸，从而带来食品安全风险。

2 　咸度比较低的酱油和酱菜、酸度达不到6%的醋、质地不那么硬的牛肉干也有同样的问题，因此都需要适量加入防腐剂。

 当然，加入过多添加剂的食品，也是不提倡食用的。

　　加工程度较高的零食、点心、饮料等，在加工过程中加入了很多食品添加剂，营养价值相对于蔬菜、水果，以及添加剂使用数量较少的食品来说大打折扣。

食源性疾病是我国最大食品安全隐患

食源性疾病不仅是日益严重的全球性公共卫生问题之一，也是我国最大的食品安全问题。

食源性疾病是指通过污染的食品而进入人体的有毒有害物质（包括生物性病原体）所引起的疾病。这些有毒有害物质包括病毒、细菌、寄生虫和存在于农业、环境、食品生产过程中的有害因子以及危险化学品和生物毒素。

按发病过程（或机制），食源性疾病可分为两大类

☐ 一是食源性感染，是由细菌、病毒或寄生虫卵污染食品所引起的人体感染。

☐ 二是食源性中毒，是有毒化学物质或毒素污染食品所引起的人体中毒。

WHO食品安全五要点

国际上最有效、最简单易学的预防食源性疾病的措施

| 要点一:
保持清洁 | ＞ | 操作食物之前要洗手,制备食物过程中要经常洗手;便后洗手;清洗和消毒所有用于制备食物的设备表面;避免昆虫、害虫及其他动物进入厨房和接触食物。 |

| 要点二:
生熟分开 | ＞ | 将生的肉、禽、水产食品与其他食物分开;处理生食物要用专用的设备和用具,如刀具和案板;将食物存放在器皿内,避免生熟食物相互接触。 |

| 要点三:
做熟 | ＞ | 彻底煮熟食物,尤其是肉、禽、蛋和水产品;制备汤或炖菜等要煮沸,确保温度达到70℃,煮肉和禽类食物时,确保汁水是清的,而不是淡红色,最好使用食物温度计;熟食二次加热时,要彻底热透。 |

| 要点四:在安全的温度下保存食物 | ＞ | 熟食在室温下不得存放2小时以上;所有熟食和易腐食物应及时冷藏(最好在5℃以下);食用前应保持食物达到足够的温度(超过60℃);即使在冰箱中也不能过久地贮存食物;冷冻食品不要在室温下化冻。 |

| 要点五:使用安全地水和食物原料 | ＞ | 使用安全的水或将水处理成安全的;挑选新鲜和卫生的食品;选择经过安全加工的食品,如经过巴氏消毒的牛奶;水果和蔬菜要清洗干净,尤其是在要生吃时;不要吃超过保质期的食物。 |

1

基本知识与理念

025

素养 13
珍惜食物不浪费

　　勤俭节约是中华民族的传统美德，杜绝浪费、尊重劳动、珍惜食物是我们每个人应该遵守的原则。要知盘中餐，粒粒皆辛苦。无数人付出辛勤的劳动和汗水，才让我们能享受舌尖上的美味，获得充足的营养，我们应该珍惜食物，并尊重为我们生产和制作食物的人们。

　　在家中制作菜肴时，按需选购，根据食材特性合理储存，适量备餐，不宜一次烹煮过多饭菜；家庭用餐后的剩余饭菜，用干净的器皿盛放，加盖后冷藏保存，再次食用前须充分加热，或做成稀饭、蔬菜粥、炒饭及其他菜肴的配料；在外就餐时，根据人数适当点餐，如有剩余饭菜打包带走；集体用餐时，采用分餐制或简餐，减少食物浪费、兴饮食文明新风。

> 兴新食尚可从以下4件事做起：
> - 珍惜食物、不浪费食物
> - 用自己的餐具吃饭，减少一次性碗筷餐具的使用
> - 减少使用食品包装和塑料包装制品
> - 不购买和食用保护类动植物

中小学生 健康饮食

2 健康生活方式与行为

每日三餐定时定量，有益肠胃健康

每日三餐的时间应相对固定，两餐间隔4~6小时。

全天摄入
总能量

早餐	**25%~30%**
午餐	**30%~40%**
晚餐	**30%~35%**

早餐要
吃好

每天都要吃早餐，并保证早餐营养充足。

为了避免上午三四节课出现昏昏欲睡的情况，早餐中主食量最好达到200克以上，粗细搭配，消化慢的粗粮杂粮占三分之一。

另外，还要搭配新鲜蔬菜水果以及牛奶、鸡蛋、瘦肉等优质蛋白质，做到营养均衡。

午餐要吃饱

午餐是一天中承上启下作用的一顿饭，要吃饱吃好，有条件的地区提倡吃"营养午餐"。

一般午餐都是由学校食堂提供，就算饭菜不合胃口，也要每种都摄入，保证营养需求。

如果是自己带饭的话，注意放入冰箱保存，以免饭菜变质，食用前充分加热。

晚餐要适量

晚上运动量相对较少，因此晚餐不宜吃得太多，适量即可。

晚餐摄入过量，多余的能量会变成脂肪堆积起来，容易导致超重或肥胖，进而引发糖尿病、血脂异常、胰腺炎等疾病。

而且晚餐过饱，容易犯困，会影响写作业的效率。

2 健康生活方式与行为

素养 15

吃营养充足的早餐，至少包括
三类及以上食物

早餐的营养质量关系到整个上午的精神状态，充足的营养必须保证。可以结合本地饮食习惯，丰富早餐品种，保证早餐营养质量。一顿营养充足的早餐至少应该包括以下三类及以上食物。

谷薯类
谷类、薯类食物，如花卷、馒头、面包、米饭、面条、米线、饼等。

肉蛋类
鱼、禽、肉、蛋等食物，如鸡蛋、猪肉、鸡肉、牛肉、鱼肉等。

奶豆类
奶及奶制品、豆类及豆制品，如牛奶、酸奶、豆浆、豆腐脑等。

果蔬类
新鲜的蔬菜水果，如西红柿、黄瓜、菠菜、油菜、西兰花、苹果、香蕉等。

餐餐有谷类，杂豆、薯类融入主食

谷类为主是营养膳食的基础，每餐都要摄入充足的谷类食物，各餐主食可选择米饭、馒头、面条等不同种类的谷类食物。

还可以将谷类食物用多种烹调加工方法做成不同口味、风味的主食，如烙饼、饺子、包子、面包、米粥、疙瘩汤、面粥等。

全谷物

不能只吃精白米面，还要融入

每餐主食

豆类

薯类

全谷物

- 指未经精细化加工或虽经碾磨、粉碎、压片等处理仍保留了完整谷粒所具备的胚乳、胚芽、麸皮及其天然营养成分的谷物，稻米、小麦、大麦、燕麦、黑米、玉米、小米、荞麦、薏米等，加工得当都是全谷物的良好来源。全谷物可提供更多的B族维生素、矿物质、膳食纤维等营养成分，以及有益健康的植物化学物。

- 全谷物可以与精白米面搭配，制作成燕麦粥、八宝粥、全麦馒头、杂粮馒头、二米饭等。

杂豆

- 指除了大豆之外红豆、绿豆、芸豆、豌豆、鹰嘴豆、蚕豆等。杂豆富含赖氨酸，与谷类食物搭配食用，可通过食物蛋白质互补作用，提高谷类营养价值。

- 杂豆类既可以与米面搭配做成饭、粥、面条等主食，也可以做成馅料加到主食中或直接加入菜肴中。

薯类

- 如马铃薯、红薯、山药等，既可以作为主食，又可以作为蔬菜。

- 薯类富含纤维素和果胶等，促进肠道蠕动，有助于预防便秘。薯类中含有维生素C，与其他根茎类蔬菜含量相似，而谷类食物中并没有。

- 红薯干、烤红薯、烤土豆等还可以作为零食，但油炸薯条和油炸薯片等油炸薯类食物不宜多吃。

蔬菜和水果营养物质各不同，每日蔬果品种要达标

水果和蔬菜中都含有维生素C和矿物质，但含量差别很大。

鲜枣、山楂、柑橘、猕猴桃和草莓等水果含维生素C较多。

苹果、梨、香蕉、桃和西瓜等含维生素C与矿物质都比蔬菜少，尤其不如绿叶蔬菜多。

一般水果中B族维生素、维生素D及胡萝卜素等维生素的含量也远远低于绿叶蔬菜。

因此，仅靠吃水果是难以满足机体对维生素和矿物质需要的。

2 健康生活方式与行为

033

| 水果含糖分较多 | 如果摄入量过多，容易造成血糖水平的波动，使人精神不稳定，出现头昏脑涨、精神不集中、疲劳等不适症状。这些糖分进入肝脏后，很容易转化为脂肪，使人发胖。 |

| 蔬菜中含纤维素较多 | 它能减慢食物的消化速度，清除肠道内的有毒物质，治疗便秘，对人体健康十分重要。 |

　　各类食物都有自己的特点和营养价值，任何一种食物都不能满足人体多方面的需要，为了保证营养均衡，各类食物都应该吃一点。因此，不能用水果来代替蔬菜，两者应适当搭配食用。

平衡膳食应做到每日一个水果，餐餐有蔬菜。

- 深绿色、红色、橘红色、紫红色蔬菜等深色蔬菜富含β-胡萝卜素，是膳食中维生素A的主要来源。

- 深色蔬菜中还含有叶绿素、叶黄素、番茄红素、花青素等多种营养素，都是有益健康的植物化学物。

深色蔬菜摄入量应占蔬菜总摄入量的一半以上。

每天喝奶补充钙质

牛奶富含蛋白质、脂肪、碳水化合物以及钙、磷、铁、锌、铜等多种矿物质。

组成我们人体蛋白质的氨基酸有20种，但其中有8种是不能由人体自身合成而必须由食物供给的（婴儿为9种，比成人多一种——组氨酸），这些氨基酸被称为必需氨基酸。

我们进食的蛋白质中如果包含了所有的必需氨基酸，并且比例合适，能够满足人体蛋白质合成的需要，这种蛋白质便称为完全蛋白。而牛奶中的蛋白质就是完全蛋白。

最难得的是，牛奶是人体获取钙的最佳来源之一，而且钙磷比例非常适当，利于钙的吸收。钙对人体有着重要的作用，青少年应养成喝牛奶的良好膳食习惯。

牛奶中的乳糖能调节胃酸、促进胃肠蠕动和人体肠壁对钙的吸收，从而调节体内钙的代谢，维持血清钙浓度，增进骨骼的钙化。

青少年正处于生长发育的关键时期，身体的骨骼也在这个时期发育成熟，因此对钙的需要量明显增加，摄入充足的钙可以保障骨骼的正常发育。

| 如果钙的摄入不足或者缺乏 | > | 不仅会影响青少年的骨骼正常发育，还会增加老年后发生骨质疏松症的危险性。 |

牛奶中的钙不仅含量丰富，并且容易被人体吸收、利用，是人体从膳食中获得钙最好的、最经济的来源，可以说"每天一杯奶，骨骼保健康"。

除牛奶外，酸奶、乳酪、奶粉等奶制品中钙含量也较丰富，如果喝牛奶后肚子不舒服的同学，可以喝酸奶代替。

《中国居民膳食指南（2016）》中，建议我们每天喝奶300克（约300毫升），或补充相当量的奶制品，还要积极锻炼身体，多晒太阳，以促进钙的吸收和利用。

牛奶和奶制品的选择

巴氏奶

是经过巴氏消毒法处理的鲜奶。

巴氏消毒对牛奶的风味和维生素影响较小，牛奶中的细菌并没有被全部杀灭，只是把细菌的数量降低到可接受的安全标准之内，因此灭菌后依然需要冷藏，保质期较短。

常温奶

是经过超高温（通常高于135℃）瞬时灭菌加工技术处理后，装入无菌包装的牛奶。

常温奶中基本没有细菌存活，维生素被破坏，但对蛋白质和钙影响不大，保质期较长，不用冷藏，方便携带。

酸奶

是鲜牛奶经过乳酸菌发酵制成的乳制品，利用乳酸菌把牛奶中的乳糖分解，更易于人体消化吸收。

酸奶中的乳酸菌还有利于肠道健康，抑制某些有害微生物的繁殖。

冷藏的酸奶中乳酸菌是活的；常温酸奶是将做好的酸奶进行二次高温灭菌，营养价值较高，没有活菌无需冷藏，方便携带。

豆浆和牛奶的营养各有特点

豆浆

蛋白质含量1.8%（按1∶20的豆水比例）

脂肪含量0.7%

维生素含量较低，不含维生素A 和维生素D

牛奶

蛋白质含量≥3%

脂肪含量：全脂牛奶3%，半脱脂牛奶1.5%，全脱脂牛奶0.5%

含维生素B_2、维生素D

豆浆优点

优质蛋白，易消化吸收

含有大豆异黄酮、植物固醇等有益健康成分

不含胆固醇，能量低

牛奶优点

优质蛋白，易消化吸收

钙含量高

维生素、矿物质含量高于豆浆

中小学生 健康饮食

大豆富含35%～40%的优质蛋白质，而且富含谷类蛋白质缺乏的赖氨酸，是与谷类蛋白质互补的理想食品，包括黄豆、黑豆和青豆。

大豆的脂肪含量为15%～20%，不饱和脂肪酸占85%，还含有对心血管健康有益的磷脂，以及大豆异黄酮、植物固醇、大豆低聚糖等多种有益健康的营养成分。每天可变换不同种类的豆制品食用，既让口味多样化，又能满足营养需求。

大豆制品

非发酵豆制品：豆浆、豆腐、豆腐干、豆腐丝、豆腐脑、豆腐皮、香干、……

发酵豆制品：豆瓣酱、豆豉、腐乳、……

50克
大豆

= 145克北豆腐　= 280南豆腐　= 730克豆浆

= 110克豆腐干　= 350克内酯豆腐

= 80克豆腐丝　= 105克素鸡

豆浆中的植物雌激素——大豆异黄酮

大豆异黄酮的雌激素生物活性十分微弱，还不到内源性雌激素的千分之一。大豆异黄酮可预防骨质疏松和心血管疾病的发生。

1　对于年轻女性来说，每天一杯豆浆不足以引起雌激素水平的明显变化。

2　中老年女性适量喝豆浆对保持身体健康、延缓衰老有明显效果。

3　对于男性来说，身体内的雄激素含量很高，豆浆中的植物雌激素远不足以逆转其激素平衡，也不会影响男性特征和正常发育。

植物雌激素摄入量高的时候，对雄激素有轻微的抑制作用，因此雄激素水平很高的年轻男性喝些豆浆，在一定程度上有利于减轻因激素不平衡引起的青春痘。

《中国居民膳食指南（2016）》推荐的大豆合理摄入量是每天30～50克，换算后大约每天2杯豆浆。

生豆浆可能引起中毒

生豆浆或未煮开的豆浆中含有一些抗营养因子，如胰蛋白酶抑制因子、脂肪氧化酶和植物红细胞凝集素，可能引起食物中毒，出现恶心、呕吐、腹胀、腹痛、腹泻等肠胃不适症状。

由于这些抗营养因子热稳定性不强，所以通过充分加热处理即可破坏这些成分。

> 生豆浆必须先用大火烧开，改文火煮沸5分钟左右再饮用。

素养 20
瘦肉、蔬果巧搭配，保证铁质摄入

铁是血红蛋白的组成成分，参与氧气与二氧化碳的运载和交换，是多种酶的构成物质。

铁摄入不足 > 面色苍白　食欲不振　抗病能力差　可能引起缺铁性贫血

畜肉中的铁元素主要以血红素铁形式存在，消化吸收率很高，应该经常吃含铁丰富的食物，如瘦猪肉、瘦牛肉、瘦羊肉、动物肝脏等。

- 每100克猪肝含铁25毫克，且铁元素较易被人体吸收，是预防缺铁性贫血的首选食物。
- 维生素C可以使难被吸收的三价铁还原成易被吸收的二价铁，同时搭配富含维生素C的食物，如西红柿、油菜、小白菜等新鲜的蔬菜和水果，可以促进铁在体内的吸收，保证铁的充足摄入和利用。

少吃高油、高盐食品，培养清淡饮食习惯

1 油条、油饼、薯条、薯片等油炸食品，虽然香味足，口感好，但它们属于高脂肪高能量食品，容易过量食用造成能量摄入过剩。

2 反复高温油炸会产生多种有害物质，对人体健康造成影响。

加工食品和调味品中都含有盐，如面条、火腿、腊肉、虾皮、榨菜、酱菜、话梅、薯片等加工食品以及味精、鸡精、辣椒酱、甜面酱、调料包等调味品。长期高盐饮食对血压影响较大，增加患心脑血管疾病的风险。

人的味觉是逐渐养成的，也是可以改变的，重盐、重油的食物更能刺激人的食欲，但过量的盐和油摄入会带来很多健康问题。青少年应培养清淡饮食的习惯，少吃高油、高盐食品，在家庭烹饪时适当改变烹饪方式，使用定量盐勺和带有刻度的油壶，每餐按量放入菜肴。

2 健康生活方式与行为

水是生命之源，是人体内含量最多的成分，同时也是不可或缺的营养物质。水参与了我们身体内细胞和体液的组成，体内所有的生化反应都依赖于水的存在。当你觉得口渴时，表示体内的水分已经失去平衡，部分细胞已处于脱水状态，这时再喝水已经有些迟了，就像你忘了浇水而枯萎的花朵，后面你再浇水也很难恢复鲜花的艳丽。

对于正处于生长发育关键期的青少年们，饮水不足可以直接影响你们的身体健康，还能影响你们的行为活动表现和精神状态，可能会有注意力不集中、容易疲倦、头痛等表现。

建议青少年每天喝1000～1300毫升水，如果天气炎热或运动时出汗较多，应该适当增加饮水量。要养成良好的喝水习惯，不要等渴了再喝水，学会少量多次、定时主动地喝水，每天可以分6～8次。

早晨起来喝
一杯温开水

晚上睡前1小时
可以适当饮水

白天每个课间或两个
课间喝一杯水，每次
100～200毫升

饮用生水会危害身体健康，不卫生的生水中有多种微
生物，可能会引起水源性肠道疾病，如腹痛腹泻、肠胃
炎、痢疾等。

水烧开后微生物可以被杀死，将水烧开是最好的灭菌
方法，因此应该饮用经过加热煮沸的水。

少喝或不喝含糖饮料，少吃甜味食品，避免龋齿和肥胖

1 如果吃太多含糖食品而且又不注意口腔卫生的话，不仅为口腔中的细菌提供了生长繁殖的良好条件，还易引起维生素、钙等缺乏，导致口腔溃疡。

2 糖在体内的代谢需要消耗多种维生素和矿物质，因此，经常吃含糖食品会造成维生素缺乏、缺钙、缺钾等营养问题。

牙菌斑是由黏附在牙面上的细菌和食物残渣形成的生物膜，其中的细菌将糖分解产生酸，酸性产物长期滞留在牙齿表面，逐渐腐蚀牙齿，使牙齿脱钙、软化，造成缺损，形成龋洞。

经常喝含糖饮料或吃甜味食品，容易形成牙菌斑。

3 含糖饮料和糕点、甜点、冷饮等甜味食品中含糖量高，能量较高，能量摄入过多会引起超重、肥胖。

4 为避免发生龋齿和肥胖，青少年应该少喝或不喝含糖饮料，少吃甜味食品，并且做好口腔清洁，养成早晚刷牙、吃"糖"后漱口和睡前不吃"糖"的习惯。

合理选择零食，不把零食当正餐

在非正餐时间食用的各种少量的食物和饮料（不包括水）都属于零食。

两餐之间吃的水果、酸奶、坚果、饼干、薯片、糖果等都是零食。零食中既有营养丰富、易消化的"好零食"，也有含糖、盐或脂肪过多的"坏零食"。

水果中含有丰富的维生素、矿物质和膳食纤维，奶类中富含蛋白质和钙，坚果中含有一定的能量和蛋白质，这些都是名副其实的"好零食"，可作为正餐之外的营养补充。

❶ 吃零食的时间不要离正餐太近，也不要一次吃太多，以免影响吃饭的胃口和进食量。

❷ 为了肠胃的健康，在看电视时不要吃零食。

❸ 睡前半小时不要再吃东西了，保证肠胃得到充分的休息。

"好零食"可以补充身体所需的一部分营养素，但不能一次吃太多。如果按照正常吃饭的量来吃这些零食的话，会对身体产生不好的影响。

1	水果中含糖量高，多吃会腐蚀牙齿，还可能会发胖。
2	吃太多的奶类食品，里面的钙不但不能被全部吸收利用，还会增加消化系统的工作负担。
3	坚果中含油脂较多，一次吃太多身体也会吃不消。

正餐一般包括主食、蔬菜、肉类，人体需要的碳水化合物、脂肪、蛋白质、维生素、矿物质都在其中，一餐吃下去，既能补充身体消耗的能量，又能补给身体正常工作所需的各种原料和动力，这些是不管吃多少零食都无法实现的。

青少年需要均衡而充足地摄入各种营养，为了能够长得高、身体棒，一定要好好吃饭，不能用零食代替正餐。

尽量少吃"洋快餐"

　　"洋快餐"以其方便、快捷、可口的特点，深受同学们的青睐。但是"洋快餐"具有"三高"和"三低"的特点。

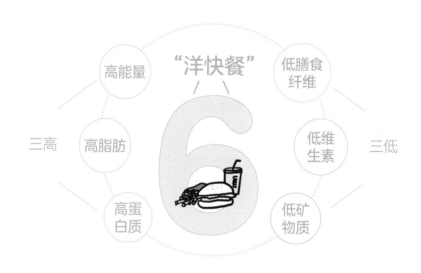

"洋快餐"

6

三高　高能量　高脂肪　高蛋白质

三低　低膳食纤维　低维生素　低矿物质

　　因此，"洋快餐"并不是健康食品，长期食用会影响身体健康。

高能量、高脂肪的"洋快餐"容易导致肥胖。"洋快餐"中含有反式脂肪酸，它会使有助于防止血管硬化的"好胆固醇"（HDL-C）减少，而使容易导致血管梗阻的"坏胆固醇"（LDL-C）增加，这样会增加血管疾病发生的风险。同时，反式脂肪酸也含有能量，长期大量摄入容易造成肥胖，或导致肥胖加剧。

长期吃"洋快餐"脂肪摄入太高，除了导致肥胖外，还可能引起体内激素异常。

体内堆积的过多脂肪具有内分泌作用，会使青少年体内激素系统被激活，脂肪细胞瘦素分泌增加，引起内分泌失调。

导致男孩提前出现变声或女孩提前出现乳房发育和月经来潮等性早熟现象，影响身体正常发育。

"洋快餐"多采用油煎油炸的方式，高碳水化合物、低蛋白质的食物，例如薯条，在加热（120℃以上）烹调过程中形成的丙烯酰胺，以及油脂在反复高温油炸后形成的杂环胺类物质，都具有一定的致癌性。

因此，无论从营养的角度还是食品安全的角度，都应该尽量少吃"洋快餐"。

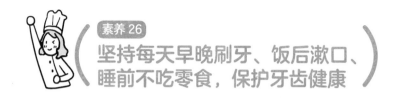

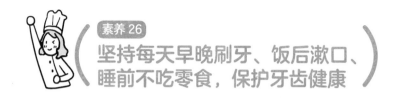

素养 26

坚持每天早晚刷牙、饭后漱口、
睡前不吃零食，保护牙齿健康

坚持每天刷牙

刷牙可以清洁口腔，按摩齿龈，促进血液循环，增强抗病能力。坚持每天早晚各刷一次牙，保护好牙齿和口腔健康。

刷牙时要顺着牙缝上下刷，上面牙齿往下刷，下面牙齿往上刷，里里外外刷干净，保证每次刷牙超过3分钟。

一日三餐后，牙面、牙缝中会存有食物残渣。夜间睡眠时，口腔内唾液的分泌量明显减少，唾液对牙齿的清洗作用大大减弱。如果晚上睡觉前没有刷牙，细菌会在口腔中大量繁殖，残留的食物残渣在细菌作用下发酵糜烂，产生异味。久而久之易导致龋齿、牙周炎等口腔疾病。

早晨起床后刷牙也很重要，不仅可以将嘴巴中的异味清除干净，也为马上要到来的早餐营造出愉快的心情。

中小学生

健康饮食

正确刷牙的方法

1 先刷牙齿外侧面，顺着牙缝上下刷。

然后刷内侧面，上排的牙齿从牙龈处往下轻刷。 **2**

3 下排的牙齿从牙龈处往上轻刷。

再刷咬合面，牙刷平握，用适中力度来回刷牙齿的咬合面。 **4**

5 最后轻刷舌头表面，从内向外去除食物残渣及细菌，保持口气清新。

　　吃饭的时候，食物残渣会藏到齿缝以及口腔中看不到的地方，如果没有认真漱口，在口腔细菌的作用下食物残渣会发酵，产生酸性物质和异味，这些酸性物质会腐蚀牙齿的保护层，破坏牙根，损伤牙神经，易导致牙疼、牙龈肿胀，甚至使牙齿脱落。

溶解牙体矿物质

如何正确漱口呢？

1　首先，将水含在嘴里，闭上嘴，然后鼓动腮帮子与唇部，使水在口腔内充分与牙齿接触。

2　接着利用水的冲击力使其通过牙缝，反复冲洗口腔的各个部位。

饭后及时漱口，利用水的冲击力将残留在牙齿的小窝小沟、牙缝及牙龈处的食物残渣清除掉，从而使口腔内的细菌数量减少，达到清洁口腔的目的。

睡前不吃零食

睡前吃零食，食物残渣很容易滞留在牙缝和牙齿表面，口腔中的细菌利用这些食物残渣发酵产酸，会溶解牙体矿物质，对牙齿产生破坏，最终形成黑色的斑点或空洞，也就是龋齿。

夜间唾液分泌减少，自身口腔清洁能力比较弱，零食残渣整夜滞留在牙齿表面和牙缝中，很快就会有龋齿产生，会大大增加患龋齿的风险。不仅牙齿被腐蚀，牙齿的中央神经也会被破坏，导致牙周炎等口腔疾病。

睡前吃零食产生多余的能量会被消化吸收，转变为脂肪储存在体内。长时间的脂肪堆积会导致超重、肥胖，影响身体健康。

睡前不能吃零食，还要养成睡前刷牙的好习惯。

2 健康生活方式与行为

牙齿的撕咬、咀嚼能使食物细碎化，从而减轻胃的工作负担，可以让胃肠在一个相对轻松的环境中工作。

吃饭时多次咀嚼能反射性地刺激迷走神经中枢，促使胃肠的蠕动和消化液的分泌，有利于食物的消化与吸收。

进食时多次咀嚼有利于食物与唾液充分混合，唾液中含有多种消化酶和抗菌物质，可以在完成初步消化食物的同时抑制或杀死食物中携带的部分细菌，保护我们的身体健康。

我们大脑中主管食欲的神经中枢叫"食欲中枢"，位于下丘脑。它是由饱食中枢和摄食中枢组成的，可以与大脑皮质一起，通过胃肠道的反应对人的食量进行控制。

正常情况下人们在吃饭时，食物进入胃内，通过胃壁的扩张把信号传递给大脑，但是这种信号的传递是需要时间的。

正常进食

饱腹的信号需要15～20分钟

"不需要继续进食"指令

进食过快

饱腹感信号还未传输到大脑

不能及时发出"不需要继续进食"指令

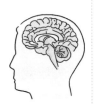

当大脑接收到饱腹信号时，其实我们的胃里已经塞满了远超过正常量的食物。

长此以往，能量摄入就会过量，进而在身体内转化为脂肪，导致超重或肥胖。

吃饭时细嚼慢咽，一口饭嚼30下再咽下去，不要吃得太快，以保持食物的适量摄入，不增加胃肠的消化负担，避免肥胖的发生，而且还可以减少发生食物卡喉的危险。

我们所摄入的每一种食物，无论是蔬菜水果还是鱼禽肉蛋，都不可能完完全全含有我们所需要的全部营养物质。如果我们只吃某一种或少数几种食物，就很可能出现其中某几种营养物质摄入过剩，而其他营养物质摄入不足的问题，对身体健康非常不利。

鱼禽肉蛋类　含蛋白质丰富，但部分维生素类含量较低，如水溶性维生素C，只吃这些食物可能会导致维生素C缺乏，而引起全身乏力、食欲减退，甚至出血、牙龈炎和骨质疏松等症状，俗称坏血病。

蔬菜、水果类　有些人崇尚素食，完全不吃肉蛋类食物，虽然蔬菜、水果类食物中维生素、矿物质等含量较多，但蛋白质及脂肪含量少，平时只吃植物性食物，会出现蛋白质摄入过少，引起身体消瘦、免疫力降低、容易生病等问题。

我们每个人的胃容量大小是一定的，当吃进去一定量的食物时，胃肠道则会向我们传递饱腹感的信号，此时应该停止进食。如果继续进食，会对胃肠道造成沉重的负担，久而久之，可能会导致胃肠道功能紊乱。

健康的饮食习惯

不偏食

全面摄入
各种营养

不挑食

定量
进餐

细嚼
慢咽

不暴饮
暴食

减缓进
食速度

合理膳食和科学运动是保持健康体重、防止超重和肥胖的关键。超重、肥胖的直接原因就是摄入的能量高于青少年生长发育和日常生活所消耗的能量。

青少年是一个特殊的生理阶段，超重和肥胖的青少年应在保证正常生长发育的情况下，通过饮食量化的调整来控制总能量的摄入。

不宜采用饥饿或半饥饿疗法来减肥，或盲目服用减肥药物。

有些青春发育期的女生总以为自己太胖了，想方设法地减肥，盲目追求"苗条"身材而进行节食，不但给正常发育和健康带来危害，而且长此下去还可能导致食欲日趋下降，甚至发展为神经性厌食，导致营养不良。

中小学生 健康饮食

<table>
<tr><td>营养
不良</td><td>不仅表现为体重减轻，消瘦，肌肉松弛，毛发干枯，程度严重者可影响骨骼的发育，使身高增长迟缓，反应迟钝、智力落后等。

还可出现营养不良性水肿、营养不良性贫血和多种维生素缺乏症等。</td></tr>
</table>

年龄小、肥胖程度轻的儿童

❶ 可以选择能量含量略低而蛋白质等营养素含量相对较高的食物。

❷ 多吃粗加工或富含膳食纤维的粮食和蔬菜。

超重、肥胖的儿童青少年

❶ 在进食时注意放慢进食的速度。

❷ 在没有饥饿感的情况下，少吃油炸食品、甜食、肥肉、冰淇淋等能量密度高的食物。

❸ 喝白开水，不喝或少喝含糖饮料。

饮酒有害健康，儿童青少年禁止饮酒

1 青少年正处在生长发育阶段，身体器官还没有完全发育成熟，酒精对身体器官的刺激很大，会引起过早出现肝功能的损伤。

2 酒精对神经系统损害也很严重，青少年的大脑神经系统发育并未完全，酒精随着血液进入大脑，会导致视力下降，听力、味觉和嗅觉迟钝，注意力、记忆力下降，甚至损害青少年的智力发育。

3 青少年体内各器官发育尚未完全，肝脏、肠胃等经受不住酒精的刺激，易引发胃炎、胃溃疡、脂肪肝、糖尿病、急性胰腺炎等疾病。

4 青少年自控能力差，在酒精的刺激下，容易因为急躁、冲动、神志不清，而诱发各种事故，甚至危及生命。在各类报道中，青少年打架斗殴事件中98%与喝酒有关。

素养 31
遵守餐桌礼仪，吃饭时保持安静

饮食行为在无形中影响着整个民族的健康和社会的文明，文明餐饮、餐桌礼仪是我国优良的饮食文化，需要传承和发扬。

餐食在口中不讲话 · 不狼吞虎咽 · 不大声咀嚼 · 就餐礼仪 8 · 细嚼慢咽 · 喝汤不出声 · 不玩玩具 · 不随意走动 · 不看电视

吃饭的时候看电视、玩玩具，似乎增加了不少乐趣，但我们的注意力会更多地集中在有趣的动画片、电视节目或玩具上。

本来吃饭时为了保证胃肠道能充分地消化吸收食物，肠胃的蠕动加快，并分泌大量消化液。

但当我们沉浸在电视播放的节目或玩玩具的快乐中时，大脑对消化系统的指挥受到影响，导致消化液分泌减少，胃肠蠕动减慢，不仅影响食欲，而且不利于食物的消化和吸收。

吃饭时看电视	增加了视屏时间，长时间会引起眼睛疲劳，视力减退，导致近视。
吃饭时随意走动、说笑打闹	同样会影响进食，消化液分泌减少、胃肠道蠕动减慢，出现消化不良或进一步引起胃肠疾病，如胃炎、胃溃疡、肠炎、胰腺炎等。
吃饭时说笑	容易使食物误入气管，造成吸入性肺炎，严重时可能导致窒息。

制备食物前、吃饭前洗手，可有效防止感染及传播食源性疾病

手是人体的"外交官"，我们劳动、玩耍时，手很容易沾染各种病原微生物，比如细菌、病毒、寄生虫卵等。

如果我们参与制备食物前或吃饭前没有认真洗手，手上看不见的细菌或者寄生虫卵就会通过食物进入我们的身体。吞进肚子里的细菌或者寄生虫卵，进入我们温暖潮湿的消化道，就会像种子掉落在丰沃的土壤中一样，开始繁殖，并不断入侵我们的肠道、肺部、大脑等器官，这时候我们就会腹痛、腹泻、恶心、呕吐，甚至头痛。

最好用流动水，一般来说冲洗10秒就可以洗去手上80%的细菌了。如果涂上肥皂或洗手液认真搓洗掌心、手背、手指、指缝，再用流水冲洗，就可洗去手上99%的细菌。

2 健康生活方式与行为

七步洗手法

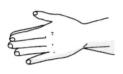

1 两手掌并拢，手心对搓，可以搓掉手心及指腹的污垢，如果太脏，可以多搓几下，直到干净为止。

用右手的手心搓左手的手背，同时张开手指，两手的手指交叉，这样可以洗掉左手背的脏东西。
同样的，用左手心搓右手背，交叉手指，可以洗掉右手背的脏东西。

2

3 将手心对着手心，张开手指，两手的手指交叉，滑动搓洗5下。这样手指缝里头的灰尘就洗掉了。

将右手握成拳头，放在左手心里转，再把左手握成拳头在右手心里转，这样就把指关节上的脏东西洗掉了。 **4**

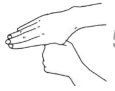 **5** 洗拇指。用左手手心握住右手大拇指转动。然后交换，用右手手心握住左手大拇指转动。

将右手的指尖并拢，放在左手手心揉搓，同样的方法揉搓左手指尖。 **6**

 **7** 最后洗手腕，用左手握住右手手腕打转，再用右手握住左手手腕打转。

吃完饭休息半小时到一小时再运动，以免引起消化不良

饭后，包括胃、小肠等在内的消化系统需要加快蠕动、分泌大量消化液来消化刚刚吃进去的食物。如果这个时候出去玩耍，大量能量会供给肌肉和骨骼的运动，从而影响胃肠蠕动和消化液分泌，引起消化不良。

刚刚吃完饭，胃里充满食物，马上运动会使肠胃上下振动，胃会在上蹦下跳的过程中被牵拉变形，造成胃下垂，可能会出现胃痛、腹胀、腹痛、恶心、呕吐等症状，还会影响排便，甚至会导致阑尾炎。

一般饭后休息半小时到1小时，可以进行较为轻松的活动，如果要进行跑跳等剧烈运动，最好在饭后1.5小时再进行。

不吃发霉、变质的食物，远离食源性疾病

食物受到致病微生物污染后，微生物利用食物的营养物质快速繁殖，并产生有毒物质。常见的引起食物发霉、变质的微生物主要为霉菌，如青霉菌、青曲霉、根霉菌、赭霉菌及白霉菌等。我们肉眼看到食物表面有霉菌时，霉菌的菌丝和代谢产物已经布满整个食物。

食用发霉、变质的食物后，霉菌毒素可能会引起人体胃肠系统紊乱，还会对神经、呼吸、泌尿系统产生损害，甚至具有致癌作用。

如果发现食物发霉或变质，最好整个扔掉，避免引发食源性疾病。为了不浪费食物，建议大家少量购买，尽量一次吃完，储存食物时注意保质期和储存条件。

剩饭剩菜要加热或再次烹饪后再食用

在外就餐后，如有剩余饭菜，应该打包带走，减少食物浪费。

不适合打包的菜

1

叶菜类食物长时间放置后，亚硝酸盐含量会急剧升高，可能引起亚硝酸盐中毒，增加患癌风险，不宜储存和再次加热，应一次吃掉。

2

凉拌菜在放置和就餐过程中易沾染细菌，也不宜重新加热，不适合打包。

外出就餐打包的食物或在家中用餐后剩余的饭菜，应放入冰箱冷藏保存。

再次食用前须彻底加热，杀灭储存时增殖的微生物，致病菌在熟食品中比在生食品中更易繁殖，所以绝不可以忽视熟食的二次加热。

如果再次食用剩菜前发现食物已经变质，应该马上扔掉，因为某些微生物产生的毒素不能通过加热的方式消除。

米饭可以做成稀饭、蔬菜粥或炒饭

瓜果、根茎类蔬菜可以加入肉类做成新的菜肴

有些食物可以加入其他食材制成新的菜品，提高口感

肉类可以把大块切成小块或肉丝，加入新鲜蔬菜做成新的菜肴，或与米饭一起做成炒饭

3

基本技能

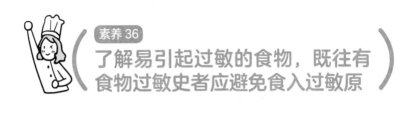

了解易引起过敏的食物，既往有食物过敏史者应避免食入过敏原

食入某种食物后出现打喷嚏、流鼻涕、眼睛发痒、恶心、呕吐、肚子疼、皮肤红疹、咳嗽、气喘等症状，身体对这些食物中的某种或某些成分产生了过度反应，也就是出现了"食物过敏"。

还有的人可能对特殊气味的食物，比如洋葱、大葱、蒜、韭菜、香菜、羊肉，或者刺激性食物如辣椒、胡椒、芥末等过敏。

● 对牛奶和鸡蛋的过敏反应最为常见。

● 花生、坚果、鱼和贝类过敏反应较严重，并可能危及生命，而且常常持续到成年。

● 同类食物可能有类似的过敏反应，如果一个人对贝类过敏，那么他有可能对其他类似贝类食物也会产生过敏反应。

有些加工食品，比如饼干、巧克力、乳饮料等食品中可能加入了花生、核桃等坚果成分，对坚果过敏的人群不能食用。

过敏体质人群在购买食物时一定要注意食物成分表中是否有引起自己过敏的物质。

目前避免食物过敏最好的方法，就是完全不接触易引起过敏的食物，包括含有过敏食物成分的加工食品。对于没有吃过的食物，应先少量品尝，如果没有过敏反应，再逐渐增加摄入量。

3 基本技能

选购食品时看清标签

日期信息和储存条件

　　包装食品上的日期信息包括生产日期和保质期。购买时尽量选择生产日期较近的，超过保质期的食品不购买。在保质期内的食品，注意食物是否在标示的储存条件下存放，如果要求冷藏的食品在常温下售卖，最好不要购买。

配料表

　　包装食品上的配料表按照"食物用料量递减"的原则进行标示，包括食品的原料、辅料、食品添加剂等信息。

所有使用的添加剂种类必须在配料表中标示，购买选择时应予关注。

标签上的营养成分表中包括食物所含的能量、蛋白质、脂肪、碳水化合物、钠等食物营养基本信息，有助于了解食品的营养组分和特征。

读营养标签，关注无糖、无盐、无脂、低糖、低盐、低脂、减少糖、减少盐、减脂这些词，逐渐了解食品中油、盐（钠）、糖的含量，做到聪明选择、自我控制。

营养声称

×××牌高钙饼干

营养成分表

营养素参考值（占每日推荐量的百分比）

项目	每100g	NRV%
能量	1823kJ	22%
蛋白质	9.0g	15%
脂肪	12.7g	21%
碳水化合物	70.6g	24%
钠	204mg	10%
维生素A	126μgRE	16%
钙	250mg	31%

强制标示

自愿标示

当钙含量达到30%NRV，即符合"高"钙的营养声称要求

钙是骨骼和牙齿的主要成分，并维持骨密度。

营养成分功能声称

3 基本技能

食品的保质期指的是最佳食用期，即预先定量包装好的食品在标签指明的贮存条件下，保持品质的期限。

在此期限内，产品完全适于销售，并保持标签中不必说明或已经说明的特有品质。

超过此期限，在一定时间内，包装内的食品可能仍然可以食用。

食品的保存期则是指推荐的最后食用日期，即预先定量包装好的食品在标签指明的贮存条件下，预计的终止食用日期。

在此日期之后，包装内的食品可能不再具有消费者所期望的品质特性，不宜再食用。

对同一产品而言，其保存期应当长于保质期。超过保质期的产品，并不一定意味着其产品质量绝对不能保证了。

只能说，超过保质期的产品质量不能保证达到原产品标准或明示的质量条件。

保质期

是厂家向消费者做出的承诺，保证在标注时间内产品的质量是最佳的，但并不意味着过了时限，产品就一定会发生质的变化。

超过保质期的食品，如果色、香、味没有改变，仍然可以食用。

当我们购买食品时应根据食品的保质期和自己的食用计划决定购买的数量和存放时间。

保存期

则是硬性规定，是指在标注条件下，食品可食用的最终日期。

超过了这个期限，食品质量会发生变化，不再适合食用，更不能用以出售。

鼓励儿童青少年参与食物的准备，学习烹饪和合理饮食的生活技能，了解食物准备过程中可能存在的食品安全问题，并学会减低这些食品安全风险的科学方法。

选择新鲜、多样的食材，不要接触、购买和食用野生动物，不要自行采食不明野生植物。

生蔬菜、生肉和家禽处理不当是导致厨房里危险重重的"罪魁祸首"。

● 许多生食可能带有沙门菌、副溶血弧菌、致病性大肠埃希菌、肝炎病毒等致病微生物，需要经过加热处理后才能食用。

● 如果在加工、贮存过程中不注意将它们与熟制食品分开，如用切过生食品的刀和案板切熟食品，盛过生食品的容器未经洗净消毒就用来盛放熟食品等，就会将生食品上的细菌、病毒、寄生虫卵等致病微生物污染到熟食品上。

● 在适宜的温度、湿度条件下，这些致病微生物经过一定的时间在熟食品上大量繁殖并产生有毒物质，随食品进入人体内，会引发疾病，危害人体健康。

● 因此，为预防生食中的致病微生物污染熟食，导致食源性疾病的发生，要注意使用厨房用具时做到生熟分开。

"生"是指切完后还需经过加热处理的食物，比如生的蔬菜、肉、禽和海产品等。

"熟"是指切完后可直接食用的食物，比如凉拌黄瓜、卤菜、火腿肠等。

生熟
分开

为保障食品安全，在储存、加工食物时，应使用两套刀具、器皿、案板等，分别处理生、熟食品，不能混用。实在没有两套刀具、器皿、案板时，应用清洁的刀具和菜板先处理熟食，再处理生食。不仅刀具、器皿、案板抹布要生熟分开，冰箱中储存食物也要独立分装，分区存放，避免相互污染。加工好的熟食要立即食用或低温冷藏，不要在常温下长期放置。

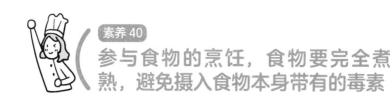

素养 40

参与食物的烹饪，食物要完全煮熟，避免摄入食物本身带有的毒素

鼓励儿童青少年学习食物的烹调，了解基本的烹饪方式和方法，以及食物制作过程中可能存在的食品安全问题，并学会减低这些食品安全风险的科学方法。

1 烹调温度达到70℃或以上时，有助于确保食物安全和营养素保留。适当温度的烹调可以杀死几乎所有的致病性微生物。

2 在对食物卫生状况没有确切把握的情况下，彻底将食物煮熟是保证饮食安全的一个有效手段，尤其是对于畜、禽、蛋和水产品等微生物污染风险较高的食品。

在家庭烹饪时，彻底煮熟食物直至滚烫，然后检查食物是否完全煮熟。

❶ 对于肉类和家禽，汤汁应该是清的，切开已煮熟的肉不应带有血丝。

❷ 对于蛋类，蛋黄凝固说明已完全做熟。

❸ 烹煮海鲜或炖汤、炖菜时，将食物煮至沸腾，并持续煮沸至少一分钟。

一些食物中含有天然毒素，但适当的烹调方式可以将毒素破坏，消除其对人体的危害。

如

四季豆中含有皂苷和血细胞凝集素，对人体消化系统具有强烈的刺激性，并对红细胞有溶解或凝集作用。

烹调时加热不彻底，毒素未被破坏，食用后就会引起食物中毒。

只要在烹调时把全部四季豆充分加热，彻底炒熟，使外观失去原有的生绿色，就可以破坏其中的皂苷和血细胞凝集素，消除食物中毒的风险。

学会正确使用冰箱储存各类食物

1 不同食物应有相应的储藏方式。动物性食物蛋白质含量高，容易腐败变质，应特别注意低温储存，可以将肉类切成小块分别装袋后放入冰箱冷冻室，食用时取出其中一袋即可。

2 新鲜蔬菜储藏不当容易产生亚硝酸盐，原则上当天买当天吃，不放入冰箱。实在需要放入冰箱，只能冷藏，最好不超过3天。烹调后的叶类蔬菜应尽快吃掉，原则上不要放冰箱冷藏。

3 有些食物不适宜放入冰箱冷藏。
香蕉、荔枝、火龙果、芒果等热带水果，冷藏容易"冻伤"。

西红柿经低温冷藏后，肉质会呈水泡状，鲜味会消失，不容易煮熟，严重的还会酸败腐烂。

黄瓜在冰箱放置3天以上表皮就会有水浸状表现，失去原有风味。

馒头、面包等在冰箱中放置时间过长，会逐渐变硬或变陈，影响口感和风味。

4　冰箱不要塞太满，冷空气需要足够的循环空间来保证制冷效果。

5　生熟食物要分区存放，单独分装，不能混放，放置的容器也不要混用。

6　剩饭剩菜冷却后，用密封的容器存放在冰箱中，而且不要放置过久，应尽快吃完，食用前必须取出彻底加热。

7　定期检查冰箱，一旦发现食物有变质腐败迹象要马上清除。

8　定期清理冰箱，擦洗冰箱内壁及各个角落。

学会正确使用微波炉加热食物

微波是一种高频率的电磁波，它本身并不产生热。这种肉眼看不见的微波能穿透食物达5厘米，并使食物中的水分子随之运动，剧烈的分子运动产生了大量的热能，于是食物就被加热了，这就是微波加热的原理。

塑料包装的食物不能放进微波炉

微波可以穿透包着食品的塑料袋，虽然不会直接对塑料袋进行加热，但塑料袋受到食物的热传递，温度也会随之上升。食品被加热到多少度，塑料袋就能升到多少度，它们的温度基本是一致的。这时，塑料袋中的有害物质，特别是塑料添加剂就有可能会转移到食品中。建议使用陶瓷、玻璃等材质的碗或碟作为微波加热的工具。

微波炉加热过程中，塑料包装中的添加剂（如塑化剂）、塑料单体（没有完全聚合的物质）等可能会转移到食品上，影响人体健康。

一次性餐具放入微波炉加热前看清餐具材质

一次性餐具能不能放进微波炉加热要看具体情况，主要是根据餐具的材质决定的。一次性餐具若没有标明可以微波炉加热则不能用于微波加热，标注了可以微波加热的在使用时要注意控制微波加热的火力和时间，避免超过其能耐受的最高温度。

用塑料制成的一次性餐具主要有聚丙烯（PP）和聚苯乙烯（PS）两种，均无毒无味无嗅。

PP较柔软，一般耐高温PP使用温度在-6℃～130℃，所以特别适合盛装热饭热菜，并可在微波炉里加热；改性的PP可使用温度在-18℃～120℃，这种PP所制成的餐具除了可加热至100℃使用外，还可放入冰箱冷冻使用。

PS较硬且透明，但易撕裂，PS在使用温度达75℃时开始变软，所以不适宜盛装热饭热菜，但PS的低温性能很好，是冰淇淋最好的包装材料。

一次性餐具应该尽量避免放入微波炉中加热，特别是不要用高火长时间加热，并且尽量不要加热含油脂丰富的食物，因为油脂在加热过程中很容易超出餐具的耐受温度，造成一些有害物质的溶出。

3 基本技能

087

每天清理厨房垃圾，整洁环境
减少食物污染

在做饭做菜前，首先要对买来的食物进行处理，比如蔬菜的根、老叶子，鱼的鳞、内脏，以及蛋壳等，这些废弃物都要放进垃圾桶。如果不及时清理这些垃圾，鱼、肉等废弃物所含的蛋白质就会腐败产生胺类物质，散发出臭味，这种气味除了让人不愉快外，还会滋生细菌，甚至招来苍蝇。

家中每天产生的厨余垃圾中可能还有水果皮、食品包装等。这些废弃物同样会滋生大量的细菌，其中所含的成分也会发生化学变化，产生一些气味，甚至会引来蟑螂，影响室内卫生。

厨房里的垃圾每天都要及时处理。特别是动物性食品垃圾，如果不及时处理，不仅对居住环境有影响，更为严重的是会影响家人的身体健康。

需要提醒的是，厨房垃圾要分类放入垃圾桶，让可回收的垃圾能获得再利用，这样既环保又能产生经济价值。

水果尽量去皮后食用，减少食入残留农药的风险

在2015年的世界卫生日上，围绕"从农场到餐桌，保证食品安全"的主题，世界卫生组织提出针对中国的建议：对根块类蔬菜和水果要彻底削皮，对叶子菜和某些水果（比如葡萄）要用干净的水浸洗。

这一建议的提出，主要是因为在食品生产过程中会使用人工化学制剂和杀虫剂，水果和蔬菜表皮中有残留农药的可能性。

吃水果时，一定要先用干净的水浸洗，可以削皮的水果最好把果皮削掉再吃。在丢掉的水果皮中损失的营养物质，我们可以从果肉和其他食物中获得。

素养 45

野生毒蘑菇勿采食，避免食物中毒

人工栽培的食用蘑菇是安全的，而全世界约有36000种野生蘑菇，其中不乏有很多名贵的食用菌，但也有很多有毒蘑菇。

导致恶心、呕吐、腹痛、
腹泻等胃肠道症状

致幻类精神症状

食用有毒蘑菇

有的还会对器官造成损伤，甚至引起死亡

鉴别蘑菇不能单纯地凭借外表而得出结论，美丽的蘑菇不一定有毒，颜色不鲜艳的蘑菇也不一定无毒。

有毒的不
一定都是
美丽的

毒蝇鹅膏有着鲜红色菌盖，上面点缀着朵朵白色鳞片，鲜艳的色彩警戒着我们莫要采食。

长相并不好看的白毒伞具有很大的毒性。

毒蝇鹅膏

白毒伞

美丽的也
有无毒的

鸡蛋菌

榆黄蘑

竹荪

鲜橙色菌盖和菌柄、未张开时包裹在白色菌托内形似鸡蛋的鸡蛋菌，色彩金黄的榆黄蘑，从雪白的菌柄顶端向下长出形似白色网裙状的竹荪等，都是无毒有益的。

　　为避免中毒事件的发生，不要随便采摘野生的、不知名的、易混淆的菇类，也不要利用不科学的方法鉴别是否有毒，更不要随便食用。

不吃"三无"食品

"三无产品"大多来自小的生产厂家或小作坊，从生产方面来说，为了降低成本，他们极有可能使用不符合食品卫生要求的原料、配料及添加剂，甚至可能使用工业原料，产品可能含有重金属、亚硝酸盐等有害的化学物质。

"三无食品"可能出现菌落数、大肠菌群、过氧化值指标超标，有的还含有亚硝胺、铅等致癌物质，食用后会导致胃肠不适、腹泻，并且损害肝脏健康。而且，小作坊的生产环境往往存在严重的卫生问题。

素养 47
选餐厅看"笑脸"

看餐馆有没有悬挂《食品经营许可证》

❶ 如果没有取得许可证，则属于违法经营，
应该拨打投诉电话向当地市场监督管理部
门举报。

❷ 还需注意一下许可证上的许可备注内容，如果没
有标注"凉菜""生食海产品"等内容，说明该餐
馆并不具备制作凉菜或者生鱼片等食品的资格，
这样的情况下，还是点些热菜吃相对安全。

除了《食品经营许可证》，还要看看餐馆服务的信誉等
级。餐馆中会有"餐饮服务食品安全等级公示"，以及市场
监督管理部门给出的动态等级和年度等级评价。

动态等级分为优秀、良好、一般三个等级，分别用大笑、微笑和平脸三种卡通形象表示。

年度等级为过去12个月期间餐饮服务单位食品安全管理状况的综合评价，分为优秀、良好、一般三个等级，分别用A、B、C三个字母表示。

如果是刚办理《食品经营许可证》的餐饮服务单位，比如新开的餐馆，在许可证颁发之日起3个月内不给予动态等级评定，所以在店内看不到等级公示牌。等到开店4个月之后就可以看等级评定的结果了。

多种感染性疾病可能通过餐具"病从口入"，特别是筷子，直接接触就餐者的口腔和唾液，之后又在菜盘里夹菜，有时就餐者还互相夹菜，这样很容易给病菌传播创造机会，导致交叉感染。

病从口入

混用碗筷主要可能会引发一些通过消化道传染的疾病，如甲肝、戊肝、手足口病、幽门螺杆菌感染等。

3 基本技能

"分餐"是一种相对卫生的就餐方式。

　　分餐制即每个人进餐前将自己想要食用的菜品一次性盛入自己的餐盘中，进餐时只取食自己餐盘中的食物。如自助餐，就是世界公认的先进、卫生的就餐方式，也是有效防范"病从口入"的进餐模式。

　　考虑到中国的饮食文化，对于习惯围坐在一起吃饭的中国人来说，提倡采用"双筷"制，即每位就餐者面前配置两双筷子，夹菜用"取食筷"，吃菜用"进食筷"，这不失为一种"两全其美"的方法。

定量取餐、按需进食，有助于青少年学习认识食物、熟悉量化食物，从而养成良好的饮食习惯。

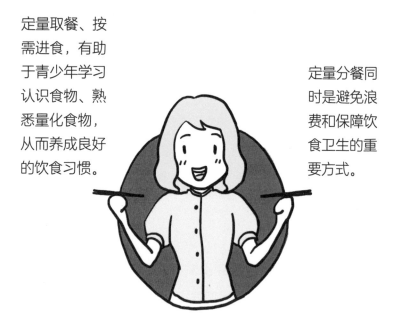

定量分餐同时是避免浪费和保障饮食卫生的重要方式。